AF475108

L'AGRICULTURE FRANÇAISE

MATHIEU DE DOMBASLE

PARIS. — IMP SIMON RAÇON ET COMP., RUE D'ERFURTH, 1.

L'AGRICULTURE FRANÇAISE

MATHIEU DE DOMBASLE

SA VIE, SES ŒUVRES, SON INFLUENCE

PAR

L. VILLERMÉ

Extrait du Correspondant

PARIS

CHARLES DOUNIOL, LIBRAIRE-ÉDITEUR

29, RUE DE TOURNON, 29

1864

L'AGRICULTURE FRANÇAISE

MATHIEU DE DOMBASLE

SA VIE, SES ŒUVRES, SON INFLUENCE

Les derniers concours régionaux ont montré avec éclat les progrès si remarquables accomplis en France, depuis un certain nombre d'années, par l'agriculture. Sans doute, le degré d'avancement n'est point partout le même; mais partout on peut signaler d'intelligents efforts et constater d'heureux résultats. L'attention publique et la faveur de l'opinion ayant fini par se porter sur la première de toutes nos industries, l'industrie agricole, l'on a pu recueillir les fruits du travail de propagande entrepris, du temps de nos pères, par ces nombreux comices et cette foule de fermes-écoles ou d'établissements analogues, souvent dus à l'initiative individuelle, qui étaient venus stimuler le goût du progrès jusque dans les plus humbles villages. L'outillage des fermes a été amélioré, les méthodes rationnelles ont reçu une application de plus en plus générale, et le bétail a subi, tantôt par voie de croisement, tantôt par voie de sélection, une transformation incontestable.

La France était bien loin, il y a quarante ans, d'offrir ce spectacle. Mais on oublie trop volontiers, selon nous, ce qui a été dépensé autrefois d'initiative, de dévouement et de persévérance pour préparer le développement fécond dont le présent peut à bon droit s'enorgueillir. Il a fallu, en effet, pour accomplir la révolution agricole dont nous profitons, quelques-uns de ces hommes, de ces fanatiques comme en ont toutes les sciences et tous les arts, qui, à force de travail, parfois à force de sacrifices et de souffrances, parviennent à assurer à l'objet de leur culte un avenir de jour en jour meilleur. Mathieu de Dombasle a justement été, en ce qui concerne notre industrie rurale, un de ces dévoués initiateurs. C'est même peut-être, avec Olivier de Serres, la plus grande figure agricole que la France ait produite. Aussi, paraît-il juste de dire, en entrant à ce sujet dans certains détails, quelle fut sa vie, quelles sont ses doctrines, quelle fut et quelle sera son heureuse influence. D'autres hommes peuvent être cités comme fixant le bonheur et se rendant le succès fidèle. Mathieu de Dombasle, lui, nous enseignera l'amour désintéressé de l'agriculture, le courage et la constance au milieu des épreuves. L'honnêteté de l'âme, l'indépendance du caractère, la résignation courageuse et le goût du travail ne sont pas des qualités si communes qu'il ne soit bon de parler de ceux qui les possèdent. Cherchons donc à raviver le souvenir d'un homme dont on commence à ne plus parler assez ; et faisons-le, malgré la profonde admiration que nous inspire sa mémoire, sans rien cacher de ses fautes, sans rien diminuer de ses imperfections. Le respect ne doit jamais exclure la franchise.

Christophe-Joseph-Alexandre Mathieu de Dombasle est né à Nancy, le 26 février 1777, dans la maison que regarde aujourd'hui sa propre statue. Son grand-père, qui fut ennobli en 1724, avait rempli la charge de grand-maître des eaux et forêts de Lorraine, charge devenue héréditaire pour la famille Mathieu, et dans laquelle lui succédèrent son fils aîné et, après la mort de celui-ci, son plus jeune fils. Ce dernier, Joseph-Antoine Mathieu, père de notre célèbre agronome, ayant acheté la terre de Dombasle, en ajouta le nom à son nom patronymique.

La révolution compromit les intérêts matériels des Mathieu de Dombasle, mais elle ne les troubla pas assez pour faire émigrer l'ancien grand-maître, qui dut à la modestie de ses habitudes la tranquillité relative dans laquelle on le laissa. Il ne tenait pas assez au régime politique qui s'écroulait pour faire cause commune avec lui, pas assez non plus au régime qui commençait pour se mêler à aucun des mouvements de cette époque agitée. D'ailleurs, il venait d'être si cruellement frappé dans ses affections intimes, qu'il demeurait encore plus étranger aux choses du dehors. Sa femme, Marie-Marthe-Charlotte Lefebvre de Montjoie, était morte en 1791 après lui avoir donné huit enfants, dont cinq seulement survivaient à leur mère. L'aîné de ces enfants devait un jour fonder Roville; et ce fut au milieu des trois fils et des deux filles qui lui restaient que Joseph-Antoine vit, du fond de sa retraite, s'accomplir les terribles événements qui bouleversèrent la France.

Dombasle avait été mis, à l'âge de douze ans, au collége Saint-Symphorien, que tenaient, à Metz, les pères bénédictins; mais on était en 1789, et la suppression des ordres religieux ne tarda pas à être prononcée. L'enfant quitta le collége sans avoir pu y développer autre chose que son goût naturel et son respect pour tout ce qui tient à la science. Quoique la famille Mathieu de Dombasle eût pu échapper jusqu'alors à toute persécution bien directe, l'ex-grand-maître des eaux et forêts finit néanmoins par juger prudent de donner à ses concitoyens quelque signe de patriotisme. En 1795, il fit prendre du service à son fils aîné, en qualité de simple comptable, dans les équipages de l'armée qui assiégeait la capitale du Luxembourg. Cette petite expédition, pendant laquelle Dombasle n'eut à prendre part à aucune action militaire, suffit pour calmer des soupçons qui, malgré la chute de Robespierre, n'étaient pas encore sans danger; et, six mois après son départ, le jeune homme rentrait dans ses foyers. Traversée par de tels incidents, son éducation était restée fort incomplète. Aussi, dès qu'un peu de calme eut succédé aux orages de la révolution, M. de Dombasle père s'occupa-t-il d'assurer auprès de lui à ses fils le complément d'instruction dont il sentait tout le prix pour leur avenir. Un jésuite qui venait de rentrer en France à la suite de longs voyages, et qui était un physicien fort instruit, le P. Vaultrein, fut chargé de ce soin; et nous avons quelques motifs d'attribuer à l'influence du modeste savant le germe des aptitudes qui devaient illustrer plus tard le nom de Mathieu de Dombasle.

Toutefois, les riches facultés de cette intelligence restèrent jusqu'en 1801 sans emploi utile. Emporté par une nature ardente et par l'exemple des hommes de cette époque, Dombasle allait peut-être se laisser entraîner à la vie de plaisirs que le Directoire avait remise en trop grand honneur, quand un cruel événement vint le rappeler aux études sérieuses. Le traité de Lunéville avait mis fin à la guerre continentale, le concordat au schisme religieux. Dombasle, qui avait alors vingt-quatre ans, voulut profiter de ces moments de paix pour faire le voyage de Paris; mais dès son arrivée à Paris, il faillit être emporté par la petite vérole[1]. En se relevant de cette affreuse maladie, le pauvre jeune homme n'était plus reconnaissable. La petite vérole avait imprimé sur son visage des marques indélébiles, peu profondes, mais nombreuses; et le brillant cavalier de la veille eut quelque honte du convalescent du lendemain. Et puis, sa santé était altérée pour toujours. A une vigueur remarquable avaient succédé un malaise constant, une débilité pénible. Pendant longtemps on désespéra qu'il pût recouvrer la vue, et ses yeux restèrent gravement affaiblis. Quoiqu'il fût doué d'une grande force d'âme, cette épreuve l'affligea profondément; elle le rendit taciturne et l'éloigna du monde. Dès lors ce fut au travail, à la méditation, à la science, pour laquelle il avait eu dans sa première jeunesse un goût prononcé et qu'il avait ensuite momentanément négligée, que Dombasle demanda les plus vives joies de sa vie. Pour lui, comme pour beaucoup d'hommes, le mal est devenu ainsi la source du bien. Que de mécomptes ou d'épreuves, contre lesquels nous nous révoltons tout d'abord parce que nous n'en apercevons pas les conséquences lointaines, finissent, en effet, par développer chez nous, sinon le bonheur matériel, du moins une plus grande valeur morale! Un nouvel accident fortifia l'année suivante la sage résolution du jeune Dombasle. Il se promenait en voiture, lorsque, par suite d'un choc violent, il tomba, et les roues lui passèrent sur les jambes. Cette blessure acheva sur lui ce que les souffrances précédentes avaient commencé. Une véritable névrose se déclara. L'estomac fut atteint d'une gastralgie violente et l'esprit d'une sorte de maladie noire qui ne se dissipèrent jamais ni l'une ni l'autre.

Dans l'espérance d'adoucir ces ennuis, la famille de Dombasle voulut le marier. Il épousa, en 1803, Françoise-Julie Huyn, fille d'un ancien maréchal de camp qui avait été grand-prévôt; mais cette union fut de courte durée. Après avoir donné à son mari un fils en 1803 et une fille en 1806, madame de Dombasle mourut en 1807. Aux chagrins du passé, venait de s'ajouter pour Dombasle comme un voile de deuil jeté sur tout son avenir. Pendant la vie de sa femme il avait poursuivi une foule d'études vers lesquelles le poussait son esprit d'observation. C'étaient les langues étrangères et les sciences physiques et naturelles qui l'attiraient jusqu'alors. Il ne tarda pas à s'occuper particulièrement de chimie et d'agriculture. Ses maîtres en agriculture furent surtout les auteurs anglais et allemands dont il lisait avidement les ouvrages. Son maître en chimie fut un compatriote dont le nom est encore estimé aujourd'hui, le savant Braconnot. Toutefois, l'étude et la théorie ne suffirent bientôt plus à son besoin d'action; et l'application industrielle des connais-

[1] La vaccine n'a été introduite en France que dans l'année 1800.

sances qu'il avait acquises se présenta naturellement à son esprit.

Par suite de la guerre avec l'Angleterre et du blocus continental, le prix du sucre était devenu exorbitant. On en était réduit à payer six francs la livre cette substance devenue pourtant d'un usage presque indispensable. Olivier de Serres semblait avoir, dès l'année 1605, deviné l'avenir industriel de la betterave, « dont le jus en « cuisant, semblable au sirop, au sucre, est si beau à voir par sa « vermeille couleur. » En 1747, l'allemand Margraff avait fait faire à la question un pas presque décisif. Après Margraff était venu Achard, de Berlin. Mais les quelques expériences tentées en France n'avaient pu aboutir à une solution industrielle. Le malheur des temps ayant démesurément élargi la part des bénéfices, ces essais furent repris avec ardeur. L'empereur Napoléon leur donna une active impulsion, et de véritables fabriques s'élevèrent enfin sur plusieurs points. M. de Dombasle, que ses connaissances en chimie mettaient à même de bien juger les choses, fut un des premiers, en 1810, à établir sur une grande échelle une fabrique de ce genre. La commune de Vandœuvre vit donc s'organiser à une demi-lieue de Nancy la sucrerie de Montplaisir, à laquelle fut adjointe tout d'abord une culture de betteraves de 50 hectares, qui s'éleva bientôt après à 100 hectares. A cette époque, de tels chiffres étaient considérables.

En même temps que M. de Dombasle se signalait au monde industriel par cette hardie tentative, il débutait dans la carrière de publiciste par une brochure intitulée : *Analyse des eaux naturelles par les réactifs ;* et, faisant venir de Suisse, de Belgique, d'Angleterre même un peu plus tard, les instruments qu'il voulait utiliser sur ses champs de betteraves, il commençait les admirables travaux de mécanique agricole que sa mort seule devait interrompre[1]. Par un singulier hasard, ce fut dans cette même année 1810 qu'un autre agronome dont la perte est plus récente, M. le comte de Gasparin, publia son premier écrit (sur le croisement des races), et que le capitaine Bella, mis à la retraite pour cause d'infirmités, rejoignit sa famille en Savoie et y acheta la petite métairie dont l'exploitation finit par décider à tout jamais de sa carrière agricole. La destinée de ces trois hommes a été bien différente. Néanmoins, comme ils ont tous les trois, par des moyens différents, exercé sur la marche de notre agriculture une influence considérable, ce rapprochement doit frapper tout le monde.

[1] J'ai entre les mains une lettre de M. Dombasle, datée de 1812 et qui me fait supposer que ce fut également vers cette époque qu'il commença à s'occuper sérieusement d'expériences sur la culture de plantes industrielles autres que la betterave. La lettre que je cite est en effet relative à la culture du pastel.

En 1813, la sucrerie de Montplaisir était florissante. Mais les circonstances politiques qui avaient aidé à la naissance de l'industrie sucrière allaient bientôt changer. Napoléon vaincu, le blocus continental cessa. L'avilissement des prix fut la conséquence immédiate de ces événements. Le sucre colonial et le sucre étranger purent reparaître sur nos marchés et y faire à nos fabricants de sucre de betteraves une concurrence ruineuse. Aussi, en 1815, M. de Dombasle dut-il succomber comme ses confrères et fermer son usine. Sa ruine fut si complète que la fortune de son père s'y trouva elle-même compromise. Le pauvre vieillard ne put résister longtemps à ce coup imprévu, et il mourut en 1816. Voilà donc M. de Dombasle, à l'âge de trente-neuf ans, frappé déjà par plus de malheurs qu'il ne s'en accumule souvent sur une seule tête pendant toute une longue vie. Une révolution lui a enlevé la charge dont il devait hériter. Une invasion lui enlève sa fortune personnelle et diminue celle de sa famille « envers « laquelle il se trouve encore débiteur d'une forte somme qu'il a le « désir ardent d'acquitter, comme il saura le faire plus tard[1]. » Au deuil de sa mère, au deuil de sa femme dont les tendres consolations ne sont plus là pour adoucir sa douleur, vient s'ajouter la perte d'un père dont il a, sans le vouloir, attristé les derniers jours, peut-être hâté la fin. Sa santé, depuis de longues années débile, se ressent de toutes ces épreuves. Que faire? Beaucoup, sans doute, eussent succombé. Lui ne se laissa pas abattre, car il lui restait ses jeunes enfants à soutenir et, pour remplir ce devoir, une haute intelligence et un indomptable courage. Sa réputation scientifique commençant à s'établir, et les revers qu'il avait subis n'ayant en rien altéré l'estime profonde qui s'attachait à son caractère, il n'y a pas lieu de s'étonner qu'on lui ait alors adressé de l'étranger de brillantes propositions. Mais Mathieu de Dombasle répugnait à quitter la France, et il aimait trop l'agriculture pour ne pas tenter, en s'appuyant sur elle, un suprême effort.

Il y eut cependant, de 1816 à 1818, comme un moment de halte dans l'activité extérieure de sa vie. Un peu de repos lui était devenu nécessaire. Il se recueillait pour mieux se disposer à recommencer la lutte. La publication de deux brochures relatives à la question des grains et à la question des sucres le fait rentrer en 1818 dans la discussion, j'allais dire dans le maniement des intérêts agricoles, dont il ne cessera de s'occuper. Tantôt ce sont des articles communiqués à divers recueils ou journaux, tantôt ce sont des brochures qui aident au mouvement que la fondation de Roville va rendre plus efficace. En 1820, par exemple, il fait imprimer sa très-sage *Instruc-*

[1] *Quelques notes sur M. de Dombasle*, par M. de Meixmoron-Dombasle.

tion sur la fabrication des eaux-de-vie de grains et de pommes de terre, et son *Examen critique des éléments de chimie agricole de M. Humphry-Davy*. Ces travaux avaient rappelé sur lui l'attention publique. Aussi, dans la même année 1820, la Société d'agriculture de Nancy le nomme-t-elle son président, et la Société Centrale d'agriculture de Paris lui décerne-t-elle une médaille d'or pour les perfectionnements apportés à la construction des charrues sans avant-train. La traduction de l'article de Thaer : *Description des nouveaux instruments d'agriculture*, et surtout la publication du manuel si remarquable qui porte le titre de : *Calendrier du bon cultivateur*, et dont nous parlerons tout à l'heure, achevèrent, en 1821, de le recommander au monde agricole. Dès ce moment, M. de Dombasle devient un homme important dont l'autorité grandit chaque jour, et que les sociétés savantes de son pays et de l'étranger, l'Institut de France lui-même, tiendront à honneur de s'attacher[1]. Mais les grands titres de Dombasle sont : le *Calendrier du bon cultivateur*, la charrue qui porte son nom et Roville avec son école, sa fabrique d'instruments, ses concours et ses Annales. Ce serait donc à la ferme de Roville qu'il conviendrait de transporter nos lecteurs. Néanmoins, comme on ne peut pas parler de Roville sans entrer dans certains développements qui méritent une attention très-particulière, il vaut mieux nous borner tout d'abord à ce qui concerne l'homme privé et l'écrivain. Nous étudierons ensuite l'agriculteur, et nous rechercherons quelle influence il a exercée sur son temps.

Au moment où il fondait Roville, Dombasle n'avait encore que 45 ans, bien qu'il en parût 70. Il est vrai que 20 ans plus tard il semblait n'avoir pas pris un jour de plus, qu'il paraissait même plus vigoureux qu'en 1824[2]. Il avait une grande taille qu'il porta droite jusqu'à la fin de sa vie, et que son extrême maigreur semblait allonger encore. Sa tête s'inclinait un peu en avant, comme par l'habitude de la méditation. Cependant, cette tête si intelligente était loin d'être belle. Une bouche grande, une lèvre supérieure mince, en avant de laquelle débordait une grosse lèvre inférieure, en même temps que le pavillon des oreilles se détachait fortement du crâne, un teint bistre qui accusait un tempérament bilio-sanguin, des yeux noirs assez petits, très-couverts par des arcades sourcilières saillantes que garnissaient trop peu de sourcils, tout cela ne constituait pas un élégant en-

[1] A sa mort Mathieu de Dombasle était officier de la Légion d'honneur et membre de quarante-deux sociétés savantes, sans avoir jamais fait une démarche personnelle pour obtenir tous ces diplômes.

[2] *Mathieu de Dombasle*, par J. C. Fawtier. M. Fawtier fut le premier élève de Dombasle et vécut dans son intimité pendant un grand nombre d'années.

semble. Ce qu'il avait de mieux dans le visage, c'étaient son long nez et son menton. Mais il portait, par suite des douleurs que lui causait son affection nerveuse, une forte perruque sous laquelle il ajoutait encore une ou deux calottes. Malgré cette étrange coiffure, et malgré des habitudes un peu originales, entachées parfois de manies et de répulsions instinctives qu'explique sa névrose, la figure de Mathieu de Dombasle restait digne et respectable. Taciturne, quelque peu cérémonieux, même avec les membres de sa famille et les hommes qu'il aimait le plus, doué d'une force de volonté presque inébranlable, il était néanmoins d'une bonté excessive qui lui concilia, de la part de ses élèves et de tous les siens, un attachement profond. Ses élèves qui, le voyant de près, reconnaissaient une bonté réelle sous la froideur apparente de son caractère, ne parlaient jamais de lui qu'en le qualifiant du titre de *Père*. Ses contemporains l'estimaient assez pour que M. de Gasparin, par exemple, après avoir obtenu les plus grands succès en publiant le *Guide des propriétaires de biens affermés* et le *Guide des propriétaires de biens soumis au métayage*, n'ait pas voulu compléter cette série d'études par le *Guide des propriétaires cultivant par eux-mêmes*, afin de donner une preuve publique de déférence à M. de Dombasle qui avait abordé ce dernier sujet dans les *Annales de Roville*[1]. Comment, en effet, ne pas vénérer un homme disposé, par son amour du progrès, dussent les autres en profiter seuls, à faire si bon marché de lui-même qu'il n'hésitait pas à écrire dans l'avertissement qui précède la seconde édition des *Annales* : « En parcourant la série des cinq livraisons qui ont été publiées jus- « qu'à ce jour, on s'apercevra facilement qu'au moment où je dois « faire réimprimer les premières, j'ai dû être tenté d'y modifier bien « des passages qui ne sont plus en harmonie avec les idées que j'ai « exprimées dans les livraisons suivantes. Tel assolement a reçu des « changements qui le dénaturent complétement ; tel résultat a été « bien éloigné des prévisions que j'avais annoncées; telle pratique « que j'avais cru avantageuse, a disparu... Cependant, je me suis « déterminé à n'apporter aucun changement à la rédaction de ces « *Annales*... Et il me semble que ces variations mêmes sont plus in- « structives que la prétention chimérique de tracer d'emblée, pour « des terres et une localité dont on n'a pas une connaissance appro- « fondie, un plan dans lequel on ne se permettra plus de rien modi- « fier. » Pourrait-on citer beaucoup d'aveux semblables?

De la part de Dombasle, cette franchise, cette simplicité n'étonne pas, car le fond de son caractère c'était la droiture; mais ce qui peut mieux donner une idée du noble caractère de notre grand agro-

[1] Ce fait a été cité par M. L. de Lavergne dans son *Éloge* de M. de Gasparin.

nome, c'est un fait que je n'ai vu citer nulle part et que m'a raconté dernièrement un ancien élève de Roville qui en fut le témoin.

La réputation de M. de Dombasle excitait dans la Lorraine quelques jalousies. La Société d'agriculture de Nancy, dont il avait été le président, comptait parmi ses membres certains hommes qu'offusquait la supériorité du maître. L'Europe agricole s'entretenait de Roville et de Dombasle, mais il n'était pas très-souvent question de la Société d'agriculture de Nancy. Encore moins parlait-on, même dans le pays, de plusieurs des membres qui la composaient. Dombasle avait déjà eu l'occasion de s'apercevoir de ces sentiments hostiles, mais il ne s'en était pas ému, et sa calme indifférence avait contribué à exciter davantage l'aigreur des envieux. Ceux-ci, on le comprend, ne venaient jamais à Roville. Un beau matin, c'était en 1833, tout le monde fut donc fort étonné de voir arriver dans la cour de la ferme une élégante voiture attelée de chevaux bien harnachés, bien rapides, et dans laquelle se trouvaient deux de ces messieurs. Un troisième voyageur était avec eux, et, dès qu'on arriva, descendit de la voiture une charrue semblable à toutes celles du pays, avec un avant-train dont la forme semblait singulièrement modifiée par des barres de bois dont, au premier abord, on ne comprenait pas l'usage.

— Mon cher collègue, dit un des visiteurs en s'adressant à Dombasle, veuillez nous pardonner si nous nous présentons ainsi chez vous à l'improviste. Mais voici un brave homme qui a inventé une charrue dont plusieurs cultivateurs font un très-grand cas, et comme nous savons que cet instrument ne peut être mieux jugé que par vous, nous venons vous le soumettre.

M. de Dombasle comprit aussitôt le sentiment qui avait inspiré cette démarche. Évidemment, on venait à Roville avec l'espérance de lui prouver qu'il ne se connaissait pas en charrues, et qu'un simple paysan pouvait lui donner des leçons.

C'était, en effet, un simple valet de ferme que l'inventeur de la charrue ainsi amenée triomphalement. Il se nommait Grangé, et, pour travailler aussi bien que ses camarades, plus vigoureux que lui et qui se moquaient de sa faiblesse, il avait eu l'idée ingénieuse de faire exécuter en partie par ses chevaux ce que ses bras ne pouvaient pas faire seuls. Dans ce but, il avait adapté à son avant-train deux leviers venant aboutir aux mancherons de la charrue. L'un de ces leviers était relié à la tête de l'*âge* qu'il permettait de soulever sans fatigue, par un simple mouvement de bascule, quand on voulait mettre le soc hors de terre. L'autre, commandé par l'essieu même de l'avant-train, appuyait de haut en bas sur les mancherons dès qu'on l'y fixait, et employait le tirage des chevaux à faire entrer plus profondément en terre le soc de la charrue.

M. de Dombasle était un homme de bonne compagnie. La réception qu'il fit à ses visiteurs fut donc polie, quoiqu'un peu froide, ainsi que l'était toujours du reste sa façon d'être avec les étrangers. Mais un peu de malice, — et à l'occasion il n'en manquait pas, — lui sembla bien permise dans la circonstance.

— Messieurs, répondit-il, ce que nous devons chercher avant tout, c'est à nous instruire. Je vais faire essayer cette charrue, et l'expérience nous dira ce qu'elle vaut.

Puis, appelant son chef d'attelages :

— Barizé, continua-t-il, vous allez confier cette charrue à notre meilleur laboureur, à Gérard, et vous allez la faire travailler sous vos yeux dans *tel* champ.

Un seul coup d'œil avait suffi au savant constructeur pour voir par où péchait la fameuse machine. Or, le champ désigné était de telle nature que cette charrue ne pouvait y fonctionner convenablement. Barizé, Gérard et l'inventeur, le brave Grangé, partirent aussitôt, suivis par quelques élèves de Roville. M. de Dombasle et ses visiteurs restèrent à causer à la ferme. Au bout d'une heure environ, tout le monde revint des champs, Grangé la figure consternée, les autres la figure souriante, la charrue, les leviers avec leurs attaches un peu disloqués.

— Monsieur, raconta Barizé, ni Gérard ni M. Grangé n'ayant pu bien travailler dans la pièce que vous m'aviez désignée, j'ai pris la liberté d'aller essayer dans *tel autre champ* (et en parlant ainsi, un sourire du bonhomme indiquait qu'il avait choisi un terrain également peu propice à la charrue nouvelle); mais là non plus nous n'avons pu rien faire de bon. Aussi, nous voilà revenus.

Tout le monde alors de se précipiter autour de la malheureuse charrue pour en examiner la construction. Quand on se retourna, les deux *chers collègues* de M. de Dombasle ne se trouvaient plus là Profitant de ce moment de trouble, ils s'étaient enfuis au galop de leur brillant attelage.

Cependant, le pauvre Grangé ne savait trop quelle contenance faire. L'émotion le gagna, et, dès qu'il se vit délaissé au milieu d'hommes qu'il croyait mal disposés pour lui, la honte et le chagrin l'emportèrent. Des larmes lui vinrent aux yeux.

— Mon ami, s'empressa de lui dire Dombasle en donnant à sa voix une douceur bienveillante, ne vous désolez pas. Votre charrue pouvait marcher assez bien dans les terres que vous labourez habituellement, mais elle ne pouvait pas résister dans nos fortes terres. C'est seulement ce que j'ai voulu prouver. Quant à votre idée, elle n'en est pas moins ingénieuse. Ce qui vous manque pour l'appliquer convenablement, c'est la connaissance des lois de la mécanique. Ayez confiance en moi. Vous reviendrez dans huit jours et vous retrouverez votre charrue, mise, je l'espère, en état de faire partout meilleure figure.

Puis, se tournant vers ses élèves :

— Messieurs, ajouta-t-il, cet homme qui a su, sans aucune instruction, réfléchir assez pour modifier ainsi l'avant-train de la charrue, mérite notre sympathie. Je vous engage donc à lui prouver que vous faites cas de son intelligence.

Le soir même, les élèves de Roville donnaient à Grangé un repas qui le consola déjà un peu de sa mésaventure. Huit jours après, le brave laboureur retrouva son avant-train construit d'après les vrais principes ; et muni d'une lettre de recommandation que M. de Dombasle lui donna pour le général Lafayette, il se rendit auprès de ce dernier. Bien accueilli par le général dont l'influence était alors immense, Grangé sut attirer un instant sur lui l'attention publique. L'obscurité de son origine rehaussa le mérite de son invention. On le décora, on lui décerna diverses récompenses ; mais la charrue Grangé, dont on ne parle plus guère et dont on se sert moins encore, n'empêcha pas la charrue Dombasle de faire son chemin et de rester l'une des meilleures, si ce n'est la meilleure que nous connaissions.

Avant de raconter par quelle suite de péripéties eut à passer l'exploitation de Roville, il ne sera pas sans intérêt de montrer la façon de vivre de Dombasle pendant les vingt années de cette exploitation. On se ferait difficilement une idée d'habitudes aussi laborieuses. Presque jamais, afin de réserver plus d'heures à l'étude, il n'invite d'étrangers à partager ses repas. Son dîner, il le prend en famille, ne lui consacrant que trente-cinq minutes, et le maintenant d'une extrême sobriété. Le soir, après le souper, il passe dans la compagnie de ses enfants une demi-heure sur laquelle il prélève le temps de s'occuper du ménage de la ferme avec sa jeune fille instituée à l'âge de dix-sept ans la ménagère de Roville. C'était là sa seule récréation. Des devoirs ou plutôt des ennuis extérieurs auxquels il ne pouvait pas entièrement se soustraire venaient en effet compliquer ses travaux personnels, déjà si considérables. On lui écrivait de tous côtés pour le consulter[1], surtout depuis que l'Académie des sciences l'avait (février 1825) nommé son correspondant en remplacement de M. Morel de Vindé, élu membre titulaire. Sa réputation et son autorité grandissant toujours, on accourait de loin pour le voir. Son temps menaçait donc d'être absorbé par une foule d'inconnus, et il dut bientôt

[1] Sa famille a conservé les copies de douze mille lettres environ dictées par lui en réponse à toutes ces demandes qu'il accueillait avec une admirable bienveillance.

prendre pour règle de ne plus recevoir les étrangers qu'à une heure fixe de la journée et de donner des guides aux personnes qui voulaient visiter Roville. Évidemment cette vie, quoique bien employée, n'est pas celle qui convient au fermier qui se propose le gain comme but principal. Mais il ne faut pas oublier non plus que le texte même de l'acte d'association souscrit par ses bailleurs de fonds autorisait M. de Dombasle à se préoccuper presque avant tout des progrès de la science rurale. Puis, pourquoi ne pas le reconnaître? le fermier de Roville jouissait de sa haute renommée avec la satisfaction très-naturelle qui constitue dans une belle âme, non pas la vanité, mais la simple appréciation de son propre mérite. En voyant grandir son rôle, il s'était pris à aimer ce rôle chaque jour davantage. Jamais il n'avait eu la passion de l'argent. Dès qu'il s'était aperçu que Roville tendait à devenir un utile foyer d'instruction agricole, il avait un peu négligé ses intérêts pécuniaires au profit de sa réputation et du bien public. A un certain point de vue, il eut tort peut-être; toutefois ce n'est pas nous qui aurons le courage de l'en blâmer.

Je lis dans Sinclair [1] cet exemple curieux d'un cultivateur se ruinant sur sa propre terre, en devenant ensuite le fermier et gagnant alors assez d'argent pour finir par racheter son domaine. On sait que M. de Dombasle fut moins heureux ou moins habile. Il put cependant, en octobre 1842, après un séjour de vingt ans sur la ferme de Roville, « se retirer à Nancy, libéré de toutes ses dettes et assuré d'une « modeste aisance presque égale à celle qu'il avait perdue vingt-cinq « ans auparavant. [2] »

En France la passion des fonctions officielles date de loin, car Philippe de Comines disait déjà des hommes de son temps : « Les Fran« çais n'ont souci de rien, sinon d'offices et états. » M. de Dombasle, lui, appréciait autrement les choses. S'il l'eût voulu, il aurait facilement obtenu un de ces *offices* dont tant d'hommes se montrent ambitieux. Ainsi, le 2 mai 1842, un de ses anciens élèves, alors député, M. Desjobert, fut chargé de pressentir s'il accepterait un siége à la Chambre des pairs ou au Conseil d'État. Dombasle répondit aussitôt (le 5 mai) par un refus. Son unique désir, c'était de vivre à sa guise, dans son pays, occupé de ses travaux agricoles. La fabrication des instruments perfectionnés d'agriculture avait été la meilleure source des profits obtenus à Roville. C'était encore sur elle que reposait en majeure partie l'avenir de fortune de M. de Dombasle, et il préféra la calme surveillance de ses intérêts aux agitations de la politique. Il revint donc s'établir à Nancy où il transporta ces ateliers

[1] Vol. 1, page 91.
[2] *Quelques notes sur M. de Dombasle,* par M. de Meixmoron, son gendre.

de construction auxquels il doit une bonne partie de sa popularité, et qui ont contribué, autant que ses écrits peut-être, à développer en France le goût et les progrès de la mécanique agricole. Cependant, grâce à son aptitude fort remarquable pour bien organiser l'emploi du temps chez les autres et chez lui-même, Dombasle disposait chaque jour d'un certain nombre d'heures. Il les consacra à écrire ou plutôt (ses yeux étant restés très-délicats depuis sa maladie de 1801) à dicter. Le peu de corrections qu'avaient à subir les pages dictées par lui, comme la netteté de son écriture quand il prenait lui-même la plume, prouvent combien cet infatigable esprit réfléchissait d'avance à tout ce qu'il voulait produire. La précision et l'exactitude, telles sont, en effet, les principales qualités du style de Mathieu de Dombasle. La phrase devrait être quelquefois mieux distribuée, plus élégante; mais elle saurait rarement être plus claire ou plus énergique. On sent, quand on le lit, avec quelle persistance d'observation, avec quelle sûreté d'examen spécial il poursuivait ses études. Pour lui rien ne vaut le fait, un peu brutal, j'en conviens, mais bien analysé, bien disséqué, s'il est permis de s'exprimer ainsi. Les livres de Mathieu de Dombasle manquent, par cela même, du sentiment moral et religieux qui distingue Olivier de Serres, et qui donne un si grand caractère à ses œuvres, du piquant dont Arthur Young sait relever ses rapides observations, de l'ampleur d'ensemble et des digressions scientifiques que M. de Gasparin affectionnait peut-être un peu trop. En revanche, ils sont si clairs, si empreints de franchise et de prudence, si remplis de bons conseils, d'utiles exemples et de saines excitations au progrès, qu'ils constituent à nos yeux comme le type des écrits qui conviennent le mieux tout à la fois et aux hommes instruits et aux simples cultivateurs.

Lorsque Mathieu de Dombasle revint se fixer à Nancy, *les Annales de Roville*, où il aborde, outre les questions particulières à Roville, une foule de sujets intéressant notre agriculture générale, depuis les plus graves problèmes jusqu'aux humbles détails de l'économie domestique, la traduction du *Code d'agriculture* de sir John Sinclair, et *le Calendrier du bon Cultivateur* étaient ses ouvrages principaux. *Le Calendrier du bon Cultivateur* était alors déjà parvenu à sa sixième édition [1], et cet excellent manuel, dont on a tiré aujourd'hui près de cinquante mille exemplaires, reste toujours un des premiers livres

[1] C'est en 1821, nous l'avons déjà dit, que parut la première édition du *Calendrier du bon cultivateur*.

L'idée et le plan de cet ouvrage furent inspirés par *le Calendrier du fermier* que Arthur Young avait publié avec un grand succès en Angleterre. Le livre de Dombasle est principalement relatif au climat de Paris. Il y a donc lieu de modifier, suivant les circonstances, certaines époques indiquées pour divers travaux.

qui doivent entrer dans une bibliothèque agricole. Après son départ de Roville, M. de Dombasle publia, outre deux opuscules sur le sucre de betterave et une excellente brochure sur le droit de chasse, un gros volume intitulé : *Œuvres diverses*, dans lequel il s'occupe particulièrement d'économie politique, mais dont nous regrettons d'avoir à critiquer la plupart des doctrines. Oubliant, en effet, que toutes les libertés sont sœurs et solidaires, cet homme, dont le cœur était cependant libéral, se montrait, par une inconséquence très-bizarre, l'irréconciliable adversaire des libertés commerciales. Peut-être au fond de son esprit fermentait-il, sans qu'il s'en doutât, un amer souvenir des événements au milieu desquels s'était écroulée la sucrerie de Montplaisir. C'était l'invasion du sucre étranger qui avait causé, en 1815, la ruine du jeune industriel. Le fait particulier se transforma à ses yeux en règle générale; et cette catastrophe le persuada que toute marchandise étrangère était à tout jamais pour la France une dangereuse ennemie. M. de Dombasle professait également des notions très-fausses sur le vrai rôle du capital et du numéraire dans la formation de la richesse publique, et sur la valeur des choses qui composent cette richesee. Aussi les pages purement économiques des *Œuvres diverses*, comme les pages relatives à ce genre de questions qui figurent dans les *Annales* ou dans les autres ouvrages de Dombasle, sont-elles loin d'avoir l'autorité que présentent ses écrits agricoles. Enfin il se disposait à mettre la main à un grand *Traité d'Agriculture*, quand la mort vint le surprendre [1]. Son gendre, M. de Meixmoron, résolut aussitôt, sans l'exécuter jamais, de revoir ce

[1] Voici la liste des ouvrages de Mathieu de Dombasle publiés par lui-même, non compris quelques opuscules et les articles communiqués à divers recueils ou journaux :

1810, *Analyse des eaux naturelles par les réactifs*; in-8°.

1814, *Observations sur le tarif des douanes*; in-8°.

1818, *Halle aux blés de Nancy. Subsistances, boulangers, accapareurs, approvisionnements de réserve*; in-8°.

1818, 1822, 1831, *Faits et observations sur la fabrication du sucre de betterave*; in-8°, 3 édit.

1820, *Instruction théorique et pratique sur la fabrication des eaux-de-vie de grains et de pommes de terre*; in-8°.

1820, *Examen critique des éléments de chimie agricole de M. Humphry Davy*; in-8°.

1821, 1824, 1830, 1833, 1838, 1840, 1843, *Calendrier du bon Cultivateur*; in-12, dont il s'est fait jusqu'à ce jour 9 éditions.

1821, *Description des nouveaux instruments d'agriculture*, traduit de l'allemand, de Thaër; in-4°.

1821, *Du mode de nutrition des plantes*; in-8°.

1821, *Mémoire sur la charrue*; in-8°.

1824 à 1837, *Annales de Roville, ou Mélanges d'agriculture, d'économie rurale et de législation agricole*; 9 volumes in-8°.

manuscrit pour en achever les parties incomplètes. Vingt ans de retard s'écoulèrent, et le petit-fils de Mathieu de Dombasle n'a pu que tout récemment éditer le travail de son aïeul, ce qu'il a fait en se conformant au texte original. Le *Traité d'Agriculture* n'aurait dû, selon nous, comprendre que de simples extraits. Il y a là, comme dans tout ce que le maître a écrit, des morceaux admirables de verve agricole, de sagesse et d'exactitude. On regrette, néanmoins, non pas que les choses aient marché depuis 1843, mais de trouver sous une signature vénérée des lignes qui, le jour même où elles paraissent pour la première fois, ne sont déjà plus au niveau de la science, et de véritables hors-d'œuvre que l'auteur eût, sans doute, élagués s'il avait surveillé lui-même la publication de son travail[1].

1825, *L'Agriculture pratique et raisonnée*, traduit de l'anglais de sir John Sinclair; 2 volumes in-8°.

1830, *Vœu relatif à la rédaction d'un code rural*; in-4°.

1832-1834, *Bulletin du procédé de macération*, 1er et 2me cahiers; in-8°.

1833, *De la production des chevaux en France, de l'amélioration des races et de l'inefficacité des moyens employés par le gouvernement pour atteindre ce but*; in-8°.

1833-1835, *Chemins vicinaux* (trois brochures sur les); in-8°.

1834, *Des droits d'entrée sur les laines et sur les bestiaux*; in-8°.

1834-1835, *De l'avenir industriel de la France*; in-8°, 4 éditions, 10,000 exemplaires.

1835, *Du sucre indigène, de la situation actuelle de cette industrie en France, de son avenir*; in-8° : 2e édition augmentée en 1836.

1837, *Du système métrique des poids et mesures*; in-8°.

1837, *De l'impôt sur le sucre indigène*; in-8°.

1838, *Fabrication simple et peu dispendieuse du sucre indigène*; in-8°.

1838, *De l'avenir de l'Algérie*; in-8°.

1838, *Question des sucres*, 1re édition, distribuée aux Chambres, in-8°.

1839, — 2e édition, corrigée, distribuée à tous les membres des conseils généraux des départements.

1839, *Instruction sur la fabrication du sucre de betteraves, par le procédé de macération*; in-12.

1839, *Quatre brochures sur la question des sucres*, distribuées en totalité aux Chambres.

1839, *Des forêts considérées relativement à l'existence des sources*; in-12.

1840, *Question des sucres, situation du débat en* 1840; in-8°.

1841, *Quatre brochures sur le procédé de macération*; in 8°.

1842, *Sucre indigène, le procédé de macération*; in-8°.

1843, *Le sucre indigène dans ses rapports avec les progrès de l'agriculture*; in-8°.

1843, *Œuvres diverses. Économie politique, instruction publique, haras et remontes*; in-8°.

1843, *Du droit de chasse*; in-8°.

[1] Nous n'avons pas le droit de donner des conseils à une famille où le nom de M. de Dombasle est l'objet du culte filial le plus respectueux; mais nous estimons que, pour élever à la mémoire du fondateur de Roville un monument digne de lui, il aurait été plus convenable de choisir dans ses nombreux écrits, soit déjà publiés, soit encore inédits, les pages les meilleures, et de composer ainsi un traité, un ré-

L'état de faiblessse dans lequel M. de Dombasle se trouvait depuis si longtemps n'altérait cependant en rien l'égalité de son humeur. Toujours bienveillant et toujours laborieux, il semblait devoir vivre de longues années encore ; mais, le 19 décembre 1843, en surveillant divers travaux dans son jardin de Nancy, il éprouva un assez grand refroidissement. La maladie débuta par un gros rhume ; les pulsations du cœur se ralentirent ; bientôt l'illustre vieillard tomba en syncope. Depuis lors, il ne recouvra plus sa connaissance, pas même lorsque sa fille, madame de Meixmoron, voulut lui faire administrer les derniers sacrements ; et le 27, à trois heures, il s'éteignit sans agonie apparente et sans souffrance aucune, à l'âge de soixante-six ans.

La mort de Mathieu de Dombasle ne pouvait pas ne pas émouvoir quelques-uns des nombreux admirateurs que lui avaient acquis tant d'écrits, tant de travaux et tant de courage. Un homme qui avait déjà rendu des services à la cause de l'agriculture, et qui, pour donner plus d'autorité à ses efforts, avait fondé en 1828 le journal *le Cultivateur*, M. Dufrêne de la Chauvinière, comprit que la France devait à Dombasle plus qu'un souvenir éphémère et plus qu'un regret. Il fit appel à ceux qui, comme lui, avaient apprécié les mérites du maître, et il devint le véritable promoteur de la souscription à laquelle Nancy doit la statue de l'un de ses plus illustres enfants.

II

Autrefois, quand on voyageait encore en poste ou en diligence, ceux des habitants de Nancy qui voulaient se rendre à Épinal rencontraient la Moselle à Flavigny, après avoir traversé quelques plaines et quelques collines. De Flavigny à Épinal la grande route suit le vallon même de la Moselle, qu'encadrent deux chaînes de coteaux peu élevés, et elle ne tarde pas à toucher à la forêt de Charmes. Avant d'arriver à Charmes, où le département de la Meurthe envoie une partie des grains qui doivent servir à l'alimentation du département des Vosges, mais plus après de Charmes que de Flavigny, et à six lieues de

sumé, un compendium dont la valeur eût été rehaussée par le soin même avec lequel on aurait écarté tout ce qui a cessé d'être en rapport avec la réputation du maître.

Nancy, on voit sur la rive gauche de la rivière un village longtemps inconnu, dont le nom restera désormais cher à tous les amis de l'agriculture, et que la présence de Mathieu de Dombasle a, pendant vingt années, transformé en une sorte de lieu de pèlerinage scientifique. Ce village, c'est Roville.

Le département de la Meurthe était, en 1822, administré par M. le comte Alban de Villeneuve-Bargemont, qui s'est acquis comme économiste une certaine réputation, mais dont le principal mérite à nos yeux est d'avoir, toute sa vie, aimé le bien et cherché à le faire. M. de Bargemont professait une grande estime pour M. de Dombasle. Lorsqu'il sut que ce dernier songeait à se mettre à la tête d'une exploitation rurale, il songea de son côté à lui en faciliter les moyens. En même temps, d'ailleurs, se trouvait parmi les membres de la Société d'agriculture de Nancy, le propriétaire du domaine de Roville, M. Bertier, dont la famille était alliée à celle de Dombasle. Cette circonstance facilita entre eux la transaction. Quant à M. de Bargemont, s'entremettant complaisamment dans toute cette affaire, il voulut examiner lui-même et publier le projet de la souscription destinée à réunir les capitaux nécessaires. Afin même de donner à l'œuvre nouvelle, dont il comprenait l'importance, un caractère plus imposant, il demanda pour son illustre protégé « une faveur que celui-ci n'aurait pas osé solliciter, et qui fut pour lui entièrement inattendue[1], » le concours de S. A. R. le duc d'Angoulême. Plusieurs hommes dévoués au progrès agricole s'étant aussi empressés d'intervenir, la Société financière de Roville fut fondée, moins en vue de faire une opération lucrative que « dans l'intention de procurer au département de la « Meurthe une ferme modèle, et de fournir à un estimable compa« triote de nouvelles occasions de bien mériter de son pays. » Tels sont les termes flatteurs insérés dans le bail.

Conformément aux intentions de M. de Dombasle, les souscripteurs imposaient à l'établissement de Roville la mission de faire « toutes « les expériences qui sembleront de la plus grande importance pour « l'amélioration générale de l'agriculture du pays. » En conséquence, il fallait créer : — une distillerie de pommes de terre, afin d'en utiliser les résidus à l'entretien des bestiaux; — une fabrique d'instruments perfectionnés qui seraient vendus « à des prix raisonnables, » — et, le plus tôt possible, un institut agricole destiné à l'instruction des fils de propriétaires et de cultivateurs.

L'agriculture était, en effet, à l'époque dont nous parlons, moins avancée en France que dans plusieurs parties de l'Allemagne, le nord

[1] Tels sont les termes de la dédicace que, par reconnaissance, M. de Dombasle inscrivit en tête des *Annales de Roville*.

de l'Italie, l'Angleterre, la Flandre et la Suisse. Depuis l'impulsion momentanée que Sully et Olivier de Serres avaient donnée, sous Henri IV, à notre industrie rurale, nous étions restés en retard. Les classes riches, désertant les campagnes plus que ne fait la noblesse dans d'autres pays[1], étaient devenues étrangères aux intérêts agricoles. Par suite, l'industrie manufacturière et les arts d'agrément avaient reçu plus d'encouragements que *le labourage et le pâturage*. Et puis, il faut bien le reconnaître, les progrès actuels de notre agriculture n'ont été rendus possibles que par la Révolution. Auparavant, la noblesse et le clergé, qui, grâce à la mainmorte et à beaucoup de priviléges, avaient moins besoin qu'aujourd'hui de travail pour se soutenir, « possédaient à peu près les deux tiers des terres. « L'autre tiers, possédé par le peuple, payait des impôts au roi, une « foule de droits féodaux à la noblesse, la dîme au clergé, et suppor- « tait de plus les dévastations des chasseurs nobles et du gibier[2], » — dont le droit exclusif de chasse, de colombier et de garenne, attribué aux seigneurs, ne permettait pas aux *vilains* de se garantir. A toutes ces causes de mauvaise exploitation du sol venait s'ajouter la taille (impôt foncier sur la terre roturière), qui, abusivement répartie et s'étendant jusqu'aux bestiaux et aux instruments du travail agricole, éloignait de la culture l'accroissement du capital. D'ailleurs, « toute modification à l'assolement était interdite par des intendants « ignorants, comme une atteinte à la subsistance publique. On vou- « lait des céréales avant tout, et l'on ne savait pas que la variété des « cultures était le plus sûr moyen d'en obtenir[3]. » A quels perfectionnements l'agriculture pouvait-elle prétendre sous un pareil régime? Malgré les généreuses résolutions prises dans la nuit du 4 août 1789, la terre, qui a, comme toute chose, besoin de liberté pour réaliser des progrès durables, la terre ne devint cependant libre de fait et de droit qu'en 1791[4]. Mais les tristes excès de la Révolution et les guerres de l'Empire ne permirent pas tout d'abord aux cultivateurs de jouir beaucoup de leur affranchissement. Sous la Restauration,

[1] M. de Tocqueville a dit avec raison : « Pays de centralisation, campagnes vides « d'habitants riches et éclairés. Pays de centralisation, pays de culture imparfaite et « routinière. » (*L'ancien régime et la Révolution*, p. 211.)

[2] M. Thiers, *Histoire de la Révolution*.

[3] M. Léonce de Lavergne, *Économie rurale de la France*.

[4] Le droit de posséder librement, d'exploiter à son gré et d'aliéner même temporairement la terre, est proclamé par la loi du 12 juin 1791, que vient confirmer la loi du 6 octobre. Cette dernière reconnaît qu'il résulte du droit précédemment établi la faculté de se clore et celle de faire ses récoltes au moment et avec les instruments qu'il plaît à chacun de choisir.

Ces divers droits n'étaient donc pas, jusqu'alors, acquis incontestablement à tout le monde.

le progrès s'accentue davantage ; les nobles efforts de certains hommes contribuent à son développement. Néanmoins, le paysan était resté trop longtemps *taillable et corvéable à merci* pour que la profession agricole fût aussitôt remise en grand honneur. A l'époque où M. de Dombasle se fit simple fermier, la carrière qu'il embrassait était beaucoup moins considérée qu'aujourd'hui. Elle restait, sauf quelques rares exceptions, abandonnée aux classes inférieures de la société. Un homme instruit, déjà célèbre, de noblesse récente il est vrai, mais enfin de noblesse, se faisant fermier, devait étonner beaucoup ses contemporains ; et la nouveauté de cette situation a peut-être contribué, pour le plus grand bien des intérêts agricoles, à mieux attirer sur Roville la curieuse attention du public.

Malheureusement le bail que Mathieu de Dombasle signait le 25 juillet 1822 ne lui assurait pas des avantages suffisants. Lord Kames prétend[1] qu'il faut traiter les fermiers comme les rois, c'est-à-dire les lier de telle sorte que, tout en leur laissant la plus grande latitude pour les améliorations, on ne leur en laisse aucune pour nuire. Le bail de Roville n'eût pas satisfait lord Kames. Non-seulement il n'accordait que vingt ans à Dombasle sur des terres qui se trouvaient alors dans un très-mauvais état, et dont la nature même laisse fort à désirer, mais en outre il lui imposait une foule de conditions beaucoup trop compliquées, puisqu'on ajouta encore plusieurs *dispositions finales* aux 49 articles qui le composent. Le fermage était aussi trop élevé, eu égard aux nombreuses réserves stipulées en faveur de M. Bertier, qui, toutefois, renonçait à exercer avant les souscripteurs, en cas de liquidation obligatoire, ses priviléges de propriétaire. La seule clause qui mérite une approbation sans réserve, est empruntée à lord Kames ; elle permettait à Dombasle de proroger son bail de vingt autres années en offrant une augmentation de loyer que le propriétaire ne pouvait refuser qu'en payant à son fermier dix fois le chiffre de l'augmentation offerte. Une sorte d'enchère était ouverte à ce sujet entre les deux parties intéressées, le fermier ayant le droit de répondre à chaque refus par l'offre d'une nouvelle augmentation, pourvu que celle-ci fût proposée dans un certain délai et conformément à certaines formalités. Cette combinaison est excellente, car, en assurant au fermier le bénéfice de ses travaux à long terme, elle lui permet de tenter de grosses opérations qui, sans cela, restent possibles au propriétaire seul. Quant au capital à l'aide duquel Mathieu de Dombasle entrait en ferme, j'allais dire en lutte contre les terres de Roville, il était fort insuffisant. Ce domaine se composait de seize hectares en bons prés, assez bien irri-

[1] Voir la traduction de sir John Sinclair, t. II, p. 518.

gués, mais avec des eaux trop peu abondantes pendant l'été, et de cent soixante-quatorze hectares en mauvaises prairies ou en terres arables, auxquels, peu de temps après son entrée en jouissance, Dombasle ajouta par un nouveau bail un peu plus de trente-huit hectares. C'était donc, en tout, plus de deux cent vingt-huit hectares. Or, voici dans quelles conditions agricoles se trouvait le domaine. L'influence des montagnes voisines, où la Moselle prend sa source, commence déjà à se faire sentir à Roville, et le sol, quoique formé des alluvions de la rivière, est loin d'y être très-riche. Sur les coteaux ce sont des argiles tenaces, dans la plaine ce sont surtout des argiles blanches mêlées de sable fin, quelquefois des terres graveleuses, rarement des sables purs. Terres médiocres manquant d'élément calcaire, ou marnes argileuses sans grande fertilité. Les mauvaises herbes, résultat des mauvaises cultures antérieures, abondaient partout et venaient compliquer la question. Le seul avantage que trouva Dombasle à Roville, c'est que les pièces y étaient assez réunies et bordées de chemins qui en rendaient l'accès possible en tout temps, quel que fût le genre de culture pratiqué par les voisins. Mais, pour faire face à cette exploitation, le fermier ne disposait que d'un cheptel de trois cents bêtes mérinos laissé par le propriétaire, d'une subvention future de 10,000 fr. à retenir sur les deux premières années de fermage, et d'un capital en espèces de 35,000 fr. La fabrique d'instruments exigea tout aussitôt 3,000 fr. d'avances, l'établissement de la distillerie en absorba 10,000 fr.; de sorte qu'il ne resta plus pour la mise en culture, l'achat des animaux, le mobilier et les autres avances, qu'une somme de 22,000 fr. L'agriculture à gros capital n'est pas toujours possible, et souvent il est sage de procéder par une action plus modeste. Cependant il faut toujours être *plus fort que sa terre.* Comme le roulement des fonds engagés est beaucoup plus lent dans une ferme que dans une manufacture; comme l'occasion de bien vendre et de bien acheter ne se présente pas à des époques régulières, et qu'il est utile de pouvoir attendre sans être obligé de vendre à tout prix à un moment donné, le cultivateur a même besoin d'un capital proportionnellement plus considérable que tout autre industriel. Et puis, si le propriétaire, qui a l'avenir pour lui, fait bien de capitaliser les améliorations de toute nature sur son propre domaine, le fermier dont la jouissance est limitée, dont les redevances sont immédiates, obéit d'ordinaire à d'autres obligations, est retenu par d'autres difficultés. M. de Dombasle, qui avait à payer chaque année près de 2,000 fr. pour son cheptel, 6,000 fr. environ pour son premier bail, sans compter le fermage supplémentaire des trente-huit hectares loués un peu plus tard, avait en outre à s'occuper du service et du remboursement des actions souscrites. Évidemment il fallait plus de 35,000 fr. pour qu'un fermier pût, avec de telles charges, organiser, sur deux cent vingt-huit hectares de terres de nature médiocre et prises en mauvais état de culture, une exploitation tout à la fois industrielle et rurale où, en se maintenant dans des conditions lucratives, on avait à se préoccuper de l'amélioration ultérieure du sol et à aider à la propagation des bons procédés agricoles. D'ailleurs, dit lui-même Dombasle[1] : « On remarquera que c'est à Roville que j'ai réellement fait « mon apprentissage. Quoique je me fusse occupé de culture pen« dant toute ma vie, je n'avais jamais dirigé une exploitation un peu « vaste, et je puis bien dire que ce qu'on appelle communément la « science agricole m'a été plus nuisible qu'utile dans les premières « années de l'exploitation, et jusqu'à ce que j'eusse acquis assez de « pratique pour me diriger dans l'application des doctrines que j'a« vais puisées dans les livres... » A Roville, l'écueil était rendu plus dangereux par ce sentiment que tout le monde agricole avait l'œil ouvert sur l'œuvre entreprise. L'impatience du public surexcitait celle de Dombasle, qui, se sentant ainsi observé, voulait produire vite de belles choses, et fut entraîné par suite à n'en pas toujours faire de bonnes. « Je connais par expérience, écrivit-il plus tard[2], toute la « puissance qu'est capable d'exercer sur l'opinion publique cette im« patience, si naturelle chez nous, qui ne croit plus à d'heureux ré« sultats dès qu'ils se font attendre. Et cependant, en agriculture, il « n'est qu'un moyen de préparer des succès durables sans les payer « beaucoup trop chèrement, c'est de les préparer longtemps à l'a« vance. »

On ne tarda pas à reconnaître l'insuffisance du capital primitif. L'acte de souscription avait été arrêté par l'assemblée générale des actionnaires le 1er septembre 1822 ; le 4 décembre de la même année, M. de Dombasle s'était fixé à Roville, dont son bail lui assurait jouissance à partir du 1er mars 1823 ; et, dès 1824, le comité de surveillance était obligé d'autoriser une nouvelle émission d'actions pour la somme de 15,000 fr., l'affaire n'ayant pu marcher jusque-là que grâce au généreux concours d'un banquier de Nancy. Un peu plus tard, l'état des choses n'était guère devenu plus satisfaisant, car, en 1826, le rapport de la même commission de surveillance déclare que M. de Dombasle a toujours pensé qu'il lui faudrait au moins six ans pour améliorer les terres de Roville, et que jusque-là leur culture ne pourrait donner de bénéfices. Les produits agricoles proprement dits restaient médiocres dans cette plaine graveleuse souf-

[1] *Supplément aux Annales de Roville*, p. 19.
[2] Quatrième livraison des *Annales de Roville*, p. 229.

frant, tantôt de la sécheresse, tantôt de l'humidité. Néanmoins la commission, tout en louant Dombasle des services rendus par lui, ajoute « qu'un cultivateur qui eût eu les connaissances de M. de Dom- « basle, mais qui n'eût été que cultivateur... présenterait à coup sûr « des bénéfices de culture. » C'est que, il l'avoue lui-même[1], « des « occupations d'un autre genre et des distractions qui sont souvent « des devoirs absorbent une partie de son temps et le placent, en ce « qui concerne la surveillance, dans une position beaucoup moins « favorable que celle de la plupart des fermiers. » On a vu plus haut quelles étaient ces occupations et ce qu'il appelle ces *distractions*. Elles nuisaient sans doute aux intérêts pécuniaires de Roville ; mais aussi combien elles servaient aux progrès de la science agricole.

Chercheur infatigable, Mathieu de Dombasle veut, en effet, approfondir les véritables éléments de chaque question qui se présente. Ces éléments acquis, il veut en déduire toutes les conséquences, en étudier toutes les applications. Par exemple, ses expériences sur la carie du blé, quoique facilitées déjà par les travaux du célèbre naturaliste suisse, Bénédict Prevost, sur l'efficacité du sulfate de cuivre, se poursuivent cependant quatre années consécutives. Mais, après quatre années de recherches persévérantes, il dote l'agriculture du meilleur procédé que l'on connaisse contre cette terrible maladie. Ainsi encore, malgré les difficultés de sa position, il n'hésite pas, un an après son entrée en ferme, à profiter de la vente aux enchères de ses bêtes mérinos et de ses porcs croisés par des verrats anglo-chinois, pour préparer à Roville une fête destinée à faire connaître les instruments perfectionnés qu'il possède et pour y fonder un concours de charrues. Le prix consistait dans une charrue construite d'après le modèle adopté alors par Dombasle lui-même.

Sinclair avait fort recommandé[2] ces *défis* de charrues, et leur attribuait une large part dans les progrès que réalisait de son temps l'agriculture irlandaise. Dombasle crut également à la valeur de ce moyen d'action, et la première *réunion agricole* de Roville, qui eut lieu le 14 juin 1824, et à laquelle assistèrent au moins quatre cents personnes, eut un succès assez éclatant pour que l'organisateur pût y voir la confirmation de ses espérances. Ces réunions, nouvelles pour la France, deviennent aussitôt populaires. Le dauphin applique, en 1826, les intérêts des actions souscrites par lui au développement des concours de Roville, qui sont le véritable point de départ de nos comices agricoles. Ce fut sous le règne de Louis-Philippe que ceux-ci s'établirent pour donner bientôt lieu aux grands concours d'animaux

[1] *Annales de Roville*, 2e livraison, p. 166.
[2] Traduction de Sinclair, t. II, p. 26.

de boucherie, et ensuite aux grands concours d'animaux reproducteurs, dont les bons résultats sont aujourd'hui visibles, mais dont on doit, en toute justice, faire remonter l'initiative à l'illustre fermier de Roville. Les instructives réunions que nous signalons ici continuèrent jusqu'en 1828. A cette époque, les concours de charrues s'étant naturalisés sur plusieurs points de la France, Dombasle cessa d'en organiser.

On voit, par ces exemples, quelle était l'activité d'esprit de l'éminent agronome. Peut-être même lui arrivait-il de vouloir embrasser trop de choses à la fois. Ainsi les diverses usines en vue desquelles le bail de Roville précise des conditions spéciales; ainsi le projet d'ouvrir sur la ferme une école pour les enfants pauvres, comme celle que l'excellent Wehrli dirigeait à Hofwyl, sous l'inspiration de M. de Fellemberg.

Élevé à l'école de l'agriculture allemande et de l'agriculture anglaise, Dombasle avait apporté sur sa ferme le système encore peu répandu de la culture alterne. Autrefois, et cet autrefois remonte plus haut que le moyen âge, on avait des prairies permanentes avec des terres arables qui se divisaient, soit en deux, soit en trois soles, sur lesquelles on ne cultivait, à bien dire, que des céréales. La jachère, toujours utile dans certains terrains très-tenaces ou dans certaines périodes de transition, mais alors appliquée, sans distinction aucune, à toutes les terres arables, les céréales d'hiver et les céréales de printemps, tel était l'ordre invariable dans lequel se succédaient les choses. Du reste, ce mode d'exploitation était parfaitement approprié aux circonstances et aux besoins du temps. Si le comté de Norfolk en Angleterre, la Campine en Belgique, beaucoup de cantons du département du Nord et d'autres parties de la France, doivent à l'adoption d'une culture alterne leur richesse et leur fécondité actuelles, la culture alterne exige, pour réussir, bien plus d'instruction et bien plus de capitaux que le vieux système triennal. L'instruction, Mathieu de Dombasle la possédait. Malheureusement on a vu que les capitaux lui manquaient. Pourquoi donc, demandera-t-on sans doute, n'avoir pas emprunté tout de suite aux actionnaires un capital plus puissant? Il eut tort, il faut en convenir, et cela avec d'autant plus de justice que ses opinions à ce sujet semblent ne s'être jamais assez modifiées, malgré l'expérience de Roville. On lit en effet dans les œuvres posthumes publiées sur ses manuscrits[1], qu'il faut compter sur un capital de 200 à 250 fr. par hectare dans une ferme de deux cents hectares, et sur un capital de 300 fr. par hectare dans une ferme de 100 hectares, lorsqu'on veut adopter avec le système des assolements

[1] *Œuvres posthumes*, t. I, p. 151.

alternes une culture active et soignée. Toutefois, nous devons ajouter qu'à l'époque où Roville fut fondé, l'argent ne se trouvait pas aussi facilement qu'aujourd'hui. Une société par actions appliquée à l'agriculture était alors une innovation très-étrange. D'ailleurs le programme n'alléchait pas les souscripteurs ; il les engageait seulement à concourir à une œuvre d'utile enseignement. Et puis M. de Dombasle, dont l'énergie naturelle aimait assez la lutte, crut que la vue de la lutte frapperait l'esprit des spectateurs plus que la distribution des dividendes. Un peu d'illusion se mêla donc chez lui à trop de confiance dans l'action fécondante de la charrue.

« La charrue, disait-il[1], est dans tous les lieux la première base de « la richesse publique... Le pâturage n'est plus que d'un intérêt se- « condaire, en tant qu'il s'exerce sur des sols incultes, et la charrue « est demeurée partout maîtresse du champ de bataille. » Par suite de cette confiance, il laboure, en entrant à Roville, plus profondément qu'on ne le faisait auparavant ; il ramène à la surface une terre neuve imprégnée, par les anciennes cultures, de sucs fertilisants ; il détruit les mauvaises herbes, et il obtient un meilleur rendement de blé à l'hectare. Mais labourer ne suffit pas pour rendre le succès durable. Il faut fumer en proportion, sans quoi l'effet obtenu n'est que momentané. « Je suis peut-être, écrivit-il plus tard[2], tombé « moi-même dans cette erreur, en appréciant au delà de sa véritable « valeur l'amélioration que Roville avait acquise... » Quand l'augmentation du fumier enfoui permet de récolter sur chaque hectare mieux labouré le double de grains ou de fourrages, et trois ou quatre fois autant de racines qu'on le faisait avec un moins bon système de culture, le bénéfice s'accroît dans une proportion notable. Mais, pour arriver à ce maximum de récoltes, chaque hectare exige une fumure calculée sur environ dix mille kilogrammes de fumier par an. Or, à Roville, on était loin d'atteindre un tel chiffre. En 1828, par exemple, on n'eut pas même huit cents voitures de six à sept cents kilogrammes, et on ne dépassa que deux fois le chiffre de quinze cents voitures. Les bâtiments n'étaient pas non plus assez vastes pour abriter tout le bétail qu'on eût dû entretenir, en même temps que le besoin de produire des récoltes immédiatement vendables faisait accorder, surtout dans le principe, une part trop large aux céréales et aux plantes industrielles. Mathieu de Dombasle appréciait néanmoins toute l'importance du rôle des animaux sur une ferme. Dans la pensée d'augmenter la masse des engrais, il conseillait de substituer la stabulation au pâturage, qu'il inclinait peut-être

[1] *Annales de Roville*, 7e livraison. Des défis publics de charrues.

[2] *Annales de Roville*, 8e livraison.

à faire disparaître de plusieurs situations où le pâturage convient si bien. Pour augmenter la vigueur des troupeaux, il conseillait d'éviter la consanguinité. Un cultivateur flamand lui affirme qu'il existe un rapport mathématique entre le poids net de viande que fournit un bœuf et la mesure de sa poitrine. Aussitôt il se met à l'œuvre, il étudie, il perfectionne ce procédé de mesurage et parvient à l'appliquer aux animaux qui rendent de trois cent cinquante à sept cents livres de viande nette. Le cordon mesureur de Dombasle ne tenait compte que de la partie thoracique. Plus tard, M. Quetelet, directeur de l'observatoire de Bruxelles, imagina de baser son calcul sur la circonférence de la poitrine comparée à la longueur du tronc, et obtint ainsi de meilleurs résultats. Aucun de ces deux procédés ne vaut la balance, tous deux devenant parfois inexacts quand on veut s'en servir avec une race autre que celle sur laquelle ont été établies les divisions du cordon mesureur. Ces recherches et les conseils que renferment les *Annales de Roville* prouvent du moins que Dombasle comprenait trop la valeur du bétail pour n'en avoir pas entretenu davantage si la chose lui eût été possible. Quant aux différences qu'on remarque entre son opinion et l'opinion des agronomes actuels sur la finesse de la laine, il ne faut pas oublier que l'Australie, pour ne citer qu'elle, a produit en 1861 la masse énorme de trente-six millions de kilogrammes de laine, dont le transport de Melbourne à Londres ne coûte que 15 centimes par kilogramme, tandis qu'elle n'en produisait pas plus de cinquante mille kilogrammes en 1820. L'importance de la boucherie est devenue beaucoup plus grande ; l'importance de l'extrême finesse du brin est devenue beaucoup moindre. Le poids, la longueur de mèche et le nerf des toisons sont aujourd'hui pour le cultivateur les qualités préférables. Mais il n'en était pas de même du temps de Roville, et Mathieu de Dombasle a dû se conformer aux conditions de son époque.

La réputation de M. de Dombasle avait si fort grandi par suite de tous ces travaux, que la duchesse d'Angoulême ne voulut pas faire, en 1828, le voyage de Lorraine sans aller visiter la ferme de Roville, et que le roi Charles X voulut contribuer, par le don de deux beaux béliers mérinos, à l'amélioration du troupeau. Déjà les habiles propriétaires de la bergerie de Naz avaient offert à Dombasle un bélier excellent, comme M. Pictet, de Genève, et plusieurs autres agronomes ou naturalistes en renom lui avaient envoyé les graines de diverses plantes dont on voulait confier l'étude à ses soins. Malgré cette faveur de l'opinion, la situation pécuniaire du savant fermier restait assez peu satisfaisante, et sans le fidèle concours du banquier de l'entreprise, à qui Dombasle emprunta sur sa signature personnelle plus de 20,000 francs, et sans l'appui de la commission de surveillance qui soutint jusqu'au bout le courage de notre grand agronome, l'existence de Roville eût été compromise. Nous voici arrivés, en effet, à une époque singulièrement critique. Ainsi le compte du blé de 1828, par suite de circonstances défavorables, tout en accusant plus de 13,000 fr. de produit brut, n'avait laissé que 4 fr. 24 de bénéfice. Ainsi encore M. de Dombasle ayant fait venir de Provence des graines de luzerne, la cuscute, ce redoutable fléau des prairies artificielles, jusqu'alors inconnu à Roville, fut importée de Provence avec les graines de la luzerne, dont elle attaqua bientôt les tiges; en même temps qu'un autre parasite, le *rhizoctonus medicaginis*, vulgairement appelé « mort du safran, » s'attachait aux racines de la plante fourragère. Enfin, comme si la ruine des luzernières n'eût pas été un malheur suffisant, il tomba, au moment de la moisson, des pluies opiniâtres qui contrarièrent la récolte du blé dans tous nos départements du nord. Mais Dombasle n'était pas homme à se laisser vaincre sans résistance. En présence de ce nouveau danger, il introduit sur la ferme le procédé qui consiste à mettre en *moyettes* les céréales menacées par la pluie, et il sauve sa récolte. La cinquième livraison des *Annales* décrit ce procédé des moyettes, déjà connu et employé dans quelques cantons, mais qui n'était pas populaire en 1828 comme il l'est devenu depuis un certain nombre d'années. C'est donc encore à Mathieu de Dombasle et à l'influence dont jouissaient les *Annales de Roville* que l'on doit en grande partie sa vulgarisation.

L'année 1829 fut un peu meilleure. On put annoncer aux souscripteurs un bénéfice de 12,910 francs. Il est vrai que la fabrique d'instruments y avait contribué pour 6,243 fr. Quant à la distillerie d'abord organisée et à la féculerie qui lui avait succédé, on avait dû les fermer l'une et l'autre. Le bilan du 1er juillet 1830 accusa également un bénéfice, cette fois de 9,522 fr. seulement. Néanmoins deux années consécutives se soldant en bénéfice, c'était, à Roville, chose fort étrange. M. de Dombasle n'était pas habitué au bonheur. La révolution de 1830 vint bientôt lui créer de nouvelles difficultés. Ce n'est pas que cet événement ne répondît aux instincts politiques de Dombasle. Il paraît même que le fermier de Roville avait trouvé sous le précédent gouvernement plus que de la froideur, presque des persécutions. Ainsi s'exprime le rapport présenté le 10 mai 1831 par la commission permanente de Roville; mais j'avoue ne savoir rien qui justifie ces termes. En tout cas, Dombasle semblait peu disposé à se rallier à la Restauration, car lorsque Charles X, de passage à Lunéville en 1829, fit inviter le directeur de Roville à se rendre auprès de lui, celui-ci s'excusa sur l'état de sa santé et sur les devoirs de sa profession; — ce en quoi il eut tort, puisqu'il avait cru pouvoir accepter le don des deux béliers, outre la décoration de la Légion d'honneur, et qu'il s'était, en fondant Roville, montré plein de reconnaissance pour la souscription du duc d'Angoulême. Quoi qu'il en soit à cet égard, si la révolution de 1830 rendait à la France un drapeau aimé, et ouvrait à la bourgeoisie un rôle plus conforme à l'importance industrielle et intellectuelle que cette classe avait su prendre dans le pays, elle arrêtait aussi pour quelque temps, comme le fait toute révolution, l'essor du commerce et les ressources de l'agriculture. Roville, dont les instruments aratoires ne trouvaient plus à se vendre, dut recourir au secours de l'État. M. de Montalivet, alors ministre de l'intérieur, n'hésita pas un instant. Il acheta pour 8,000 francs d'instruments, accorda un encouragement de 4,000 fr, et fonda près de l'école dix bourses au prix modeste de 300 fr. chacune. Mais cette subvention ne devait pas suffire, une nouvelle crise vint menacer Roville dès l'automne de 1831. La cachexie, rendue inévitable par la continuité de trois étés pluvieux, avait attaqué le troupeau, et, en quelques mois, y avait causé des pertes effrayantes. Nous savons malheureusement par expérience, ce qu'est la cachexie quand elle frappe toute une contrée; nous, qui avons vu disparaître sous ses atteintes des troupeaux entiers, nous comprenons l'énormité du désastre. Aussi ne sommes-nous pas surpris que, malgré un dernier secours de 18,000 fr. dont parle le rapport du 14 août 1832, la commission permanente déclarât aux actionnaires que, faute d'un capital suffisant, Roville ne pouvait que languir. Néanmoins l'autorité du maître n'en fut pas ébranlée, et, lorsque le roi Louis-Philippe, visitant Roville en 1833, donna à Mathieu de Dombasle la croix d'officier de la Légion d'honneur, la France agricole applaudit à cette nouvelle distinction.

Maintenant, résumons au point de vue financier ce long drame sur lequel nous aurions été presque excusable de donner plus de détails, tant Roville a tenu une place importante dans l'histoire de notre agriculture. « En prenant à part la partie purement agricole « de l'établissement de Roville, c'est-à-dire, en laissant à l'écart « deux branches qui ont constamment donné des bénéfices (l'institut « et la fabrique d'instruments), la balance des comptes agricoles ou « le résultat des vingt années d'exploitation rurale présente une « perte de 11,032 fr., ou de 331 fr. par an. Et bien que de prime « abord ce résultat paraisse décourageant, il me semble qu'en y ré- « fléchissant, on arrive sans effort à en tirer une conclusion qui n'a « rien de défavorable au système d'agriculture suivi et enseigné à « Roville. En effet, les vingt années d'exploitation de M. de Dom- « basle peuvent se diviser en deux périodes bien distinctes : la pé- « riode d'organisation, d'essais, de mise de fonds, et la période de

« résultats. La balance des dix premières années se résume en une « perte de 36,134 fr. ; mais dans la seconde période, sept bilans en « profit et trois seulement en perte, et en pertes très-légères, consti- « tuent un bénéfice de 25,102 fr., dans lequel les cinq dernières an- « nées entrent seules pour 20,406 fr. Ces chiffres sont la preuve « que M. de Dombasle, instruit par sa propre expérience, était en- « tré dans la bonne voie, et ils ne laissent aucun doute que s'il fût « resté quelques années de plus à Roville, il eût à coup sûr, et lui- « même en avait l'intime conviction, réalisé des bénéfices et même « des bénéfices considérables[1]. »

Telle est la vérité sur Roville. Nous n'avons pas voulu la dissimuler, pas plus que M. de Dombasle ne cherchait à le faire. Nous n'admettons pas, d'ailleurs, que la cause du progrès agricole soit compromise par ces tristes souvenirs. Grâce à Dieu, si l'agriculture donne rarement d'aussi gros profits que l'industrie manufacturière et le haut négoce, elle assure cependant une libérale récompense à quiconque s'occupe d'elle avec suite et avec sagesse. C'est ce que prouve chaque année sur tous les points de la France l'enquête approfondie à laquelle donne lieu la visite des domaines qui concourent pour la prime d'honneur. Lorsqu'on étudie attentivement cette enquête, on voit même que le nombre des grands propriétaires qui savent faire de l'agriculture une occupation lucrative est plus considérable qu'on ne se l'imagine d'ordinaire ; et bien des noms, dont plusieurs sont également illustres à d'autres titres, pourraient être à ce sujet invoqués comme exemples. Quant à M. de Dombasle, s'il faut dire sur lui notre pensée entière, nous avouerons que ce chercheur infatigable, ce savant sincère, cet observateur profond et habile nous a toujours paru un fermier trop peu accessible aux préoccupations du gain. Parfois même on serait tenté de dire qu'aimant trop l'agriculture, il l'aimait en grand artiste plutôt qu'en spéculateur.

Ce qui contre-balança heureusement à Roville les mauvaises conditions que nous avons signalées, c'est l'esprit d'administration et surtout l'art indispensable à un cultivateur de bien choisir, de bien organiser et de bien diriger ses subordonnés, qui distinguait Mathieu de Dombasle. Sa comptabilité est tenue régulièrement, on dirait volontiers minutieusement, car son esprit d'analyse se complaisait un peu aux détails. Son personnel est organisé avec une hiérarchie et une discipline presque militaires. A la tête de chaque service se trouve un chef responsable, homme de confiance qui travaille lui-même, mais qui dirige en même temps les simples ouvriers. Tous ces lieutenants viennent chaque soir rendre compte des opérations de

[1] *Quelques notes sur M. de Dombasle*, par son gendre M. de Meixmoron.

la journée et prendre les ordres pour le lendemain. Veut-on voir comment marche, ainsi dirigée, la petite armée que commande Dombasle ? En voici un exemple qui porte avec soi plus d'un utile enseignement. Il s'agit de la journée du 26 octobre 1824[1], dont nous ne dirons cependant qu'une partie des nombreux travaux, de peur que trop de détails ne nuisent à la clarté de cette description : « Cent et un journaliers employés à l'arrachage des pommes de terre ; cette bande forme deux divisions, dirigées chacune par un chef d'atelier temporaire..... Dans la matinée, je me suis aperçu qu'une meule de regain s'échauffait extrêmement, et j'ai jugé nécessaire de démonter la partie supérieure pour y mélanger de la paille. La pluie était menaçante, et j'avais une assez grande quantité de porte-graines de betteraves secs..... J'ai donné ordre, à midi, au chef d'attelage de mettre trois chevaux et trois valets à la conduite des pommes de terre, avec cinq tombereaux, dont un est toujours aux champs, dételé, pour être chargé, un aussi dételé dans la cour de ferme pour être déchargé, et trois en route.... Je demandai, à midi, au chef de main-d'œuvre un homme pour aider les deux valets qui devaient travailler à la meule, et trois ouvriers, dont un homme de confiance, pour transporter à la grange les porte-graines de betteraves.... Toutes ces opérations ont été faites sans confusion... De la cour de ferme où j'avais établi mon quartier général, je savais ce qui se passait partout, et je communiquais chaque quart d'heure avec le principal atelier, par le moyen des voitures qui arrivaient et partaient, par lesquelles je transmettais les ordres aux chefs de main-d'œuvre.... A quatre heures, une pluie averse est survenue ; elle était prévue... » Et, pouvons-nous ajouter, conjurée d'avance.

Nous avons dit plus haut que la comptabilité de Roville était presque minutieuse. L'importance de la comptabilité agricole a été trop longtemps méconnue en France. Les Anglais et les Allemands utilisaient déjà dans leurs grandes fermes ce genre de renseignement alors que personne chez nous n'y avait encore recours. Dombasle insista fortement sur les services que la comptabilité doit rendre aux cultivateurs comme aux autres industriels et il organisa chez lui une tenue de livres en partie double que venaient éclairer davantage une foule de notes et de tableaux auxiliaires. Peut-être la curiosité scientifique de l'esprit de Dombasle lui fit-elle pousser les choses un peu loin. Ainsi l'exploitation agricole, à elle seule, fournissait au comptable dès la première année assez de travail pour occuper la moitié de toutes ses journées. Selon nous, ce luxe d'écritures, excusable dans une ferme *d'études*, serait

[1] 2e livraison, *Annales de Roville*.

excessif dans une ferme ordinaire. Quoi qu'il en soit de la comptabilité en usage à Roville, celle-ci venait aboutir, comme toutes les autres, à un livre de caisse dont nous connaissons les chiffres définitifs en ce qui concerne la culture proprement dite du domaine exploité. Mais qu'importe, à la rigueur, si Roville a donné ou n'a pas donné de gros bénéfices, et si ces bénéfices sont dus à telle branche d'industrie ou bien à telle autre? Les souscripteurs n'avaient jamais eu en vue une spéculation très-lucrative. Dombasle lui-même ne cherchait guère qu'à vivre et à remplir ses devoirs envers sa famille, tout en travaillant aux progrès de l'agriculture. Or, le but de progrès que tout le monde se proposait a été atteint, grâce à l'école de Roville.

L'idée d'une école pratique d'agriculture n'était pas entièrement nouvelle en France lorsque Mathieu de Dombasle créa la sienne. Dès l'année 1769 les États de Bretagne avaient accordé une récompense au curé de Plestan qui proposait la formation d'un établissement de ce genre [1]. En 1771, Sarcey de Sutières que protégeait le ministre Bertin avait ouvert sur la terre d'Anel (près de Compiègne) un cours de labourage et un enseignement agricole dont l'existence ne fut, malheureusement, que très-courte [2]. Cependant ces généreuses tentatives avaient successivement avorté, et rien de pareil ne subsistait plus chez nous. Ailleurs les choses se trouvaient plus avancées. Ainsi l'Institut agronomique de Mœglin, fondé en 1806 par l'illustre Thaër, avait été érigé dès 1814 en Académie royale par le roi de Prusse. Ainsi l'Institut de Hohenheim dans le Wurtemberg avait été créé par Schwertz en 1818; et, en Suisse, l'École d'Hofwyll rendait, sous l'habile direction de M. de Fellemberg, les plus utiles services. Aujourd'hui, après avoir perdu l'Institut national agronomique de Versailles, nous possédons trois grandes écoles, Grignon, Grand-Jouan et la Saulsaie; nous avons en outre divers instituts particuliers, comme celui que le regrettable frère Menée sut fonder à Beauvais avec tant de succès, plusieurs colonies agricoles, de nombreuses fermes écoles; et dans une foule d'établissements on a ouvert, soit des chaires d'agriculture

[1] J'ai trouvé ce fait dans la chronologie agricole de la troisième *Année agricole* de M. Gustave Heuzé.

Il avait bien paru, en 1759, un petit livre sans nom d'auteur qui porte le titre de *École d'agriculture*. Mais on n'y propose pas la fondation d'une véritable école. Il s'agit seulement de la création de petites fermes expérimentales que dirigerait, dans chaque généralité, le bureau local d'une grande société d'agriculture établie en vue de fixer nos cultivateurs sur les meilleures variétés de végétaux et sur les meilleurs procédés de culture.

[2] Voir dans l'*Encyclopédie* l'article *Institution d'agriculture*. Quant à la pépinière qui fut créée un peu plus tard à la Rochette (près de Melun), on y éleva bien, pendant quelques années, une centaine d'enfants trouvés, mais on ne leur enseignait point l'agriculture. On les formait seulement aux travaux du jardinage.

théorique, soit des cours spéciaux qui propagent, sinon toujours les meilleures méthodes, du moins le goût des choses rurales. Mais, nous le répétons, lorsque le 1er septembre 1824 M. de Dombasle ouvrit son Institut agricole, l'enseignement pratique de l'agriculture n'existait nulle part en France. Yvart professait à l'école vétérinaire d'Alfort, conformément à l'arrêté du 18 juin 1806, un cours d'économie rurale, et c'était tout.

Les élèves vinrent bientôt se ranger autour de la chaire du maître. En 1828, le petit village de Roville a déjà donné l'hospitalité à quarante-cinq élèves. Dès 1835, plus de deux cent cinquante y sont venus de tous les coins de la France et de tous les pays du monde ; et, en 1843, quand on dressa la liste définitive des membres survivants de la *Société rovillienne*, on put encore y faire figurer deux cent quatre-vingt-trois noms, parmi lesquels plusieurs sont devenus familiers aux amis de l'agriculture. Nous venons de dire *Société rovillienne ;* c'est qu'en effet Mathieu de Dombasle ne se bornait pas à diriger les études agricoles de ses élèves. Portant ses vues plus loin, il avait voulu leur donner comme un avant-goût de la vie sociale et un lien de fraternelle complaisance, en les organisant en une société dont les dignitaires procédaient de l'élection, et dont tous les membres devaient conserver entre eux, après leur sortie de l'école, quelques rapports bienveillants. Logés et nourris à leurs frais dans le village, quoique toujours soumis à une certaine surveillance et à une discipline convenable, les élèves de Roville ne reçoivent pas du maître un enseignement systématique. Ils étudient chez eux les traités méthodiques de Thaër[1] ou de Sinclair, lisent de bons ouvrages et assistent à des cours d'agriculture générale, de botanique, de minéralogie, d'art vétérinaire, de géométrie appliquée et de comptabilité, que viennent compléter des conférences faites par Dombasle lui-même, soit pendant la tournée du matin sur les terres de l'exploitation, soit dans l'intérieur de la ferme. Ces conférences ne se conformaient pas à un ordre absolu dans l'exposition des idées ; elles servaient seulement à lever les doutes que pouvaient parfois éprouver les élèves. L'un de ceux-ci interrogeait. Le maître, dont la mémoire était prodigieuse, mais dont la parole était moins facile, surtout lorsqu'il parlait en public, répondait aussitôt et se taisait ensuite jusqu'à ce qu'une nouvelle question provoquât de sa part une nouvelle explication. C'étaient presque de véritables conversations.

Enfin, les élèves assistent tous les soirs à l'*ordre*, c'est-à-dire à cette

[1] « Que l'on peut considérer à juste titre comme le créateur de l'agriculture raisonnée sur le continent européen, » dit Mathieu de Dombasle en parlant de Thaër (*Annales de Roville*, 4e livraison, p. 329).

réunion pendant laquelle, sur le rapport fait par les chefs des divers services, on passe écriture des opérations de la journée et l'on donne à chacun ses instructions pour le lendemain. De même que M. de Dombasle, ils ne manient guère les mancherons de la charrue, tout juste ce qu'il faut pour en bien *sentir* le travail, car ils ne sont pas destinés à devenir de simples laboureurs. En revanche, ils suivent attentivement les divers travaux qui s'effectuent, parfois même ils sont chargés de surveiller ou de diriger tantôt certaines expériences, tantôt quelques opérations usuelles. Ainsi se forment, sous une sage direction, des sujets qui, au sortir de l'école, ne seront, sans doute, pas encore de très-habiles praticiens, mais qui seront à même de devenir bientôt d'excellents cultivateurs, s'ils consentent à un stage préalable plus ou moins long dans une ferme du pays où ils doivent s'établir.

On a reproché un peu d'entraînement à plusieurs des hommes instruits par Mathieu de Dombasle. Son propre fils, Léon de Dombasle, qui lui avait servi de chef d'attelages pendant les premières années, et M. Busco, l'un de ses élèves, devenu son gendre depuis 1826, s'étant associés pour l'exploitation de la terre du Verneuil, dans le département de Maine-et-Loire, y subirent un échec que l'on a beaucoup trop souvent évoqué à l'appui de ce reproche. Quant à nous, qui avons scrupuleusement demandé à ses propres écrits les doctrines de M. de Dombasle, nous ne voyons dans ce malheur rien qui doive entacher l'enseignement de Roville. D'ordinaire les jeunes gens manquent de prudence, quelle que soit l'école où ils se sont instruits ; et l'on comprend facilement que des hommes qui tenaient à M. de Dombasle par les liens les plus intimes, aient cru qu'un reflet de la valeur exceptionnelle de leur maître pouvait suffire à leur faire vaincre de grandes difficultés. Nous avons avoué déjà quels reproches Mathieu de Dombasle mérite au point de vue *industriel* de l'agriculture : sa curiosité scientifique d'une part, curiosité que ne partageaient pas au même degré les jeunes fermiers du Verneuil, et d'autre part, sa tendance à diminuer le rôle du capital dans une entreprise agricole. Or, l'insuffisance du capital avait été reprochée à Roville, dès l'origine, par le conseil de surveillance. Ce défaut était donc signalé d'avance à MM. Busco et Léon de Dombasle. Il a été pour beaucoup dans la chute du Verneuil. Mais on ne saurait accuser l'auteur du *Calendrier du bon Cultivateur* de nourrir un goût irréfléchi pour les innovations théoriques. « Chacun sait bien, disait-il[1], que

[1] *Annales de Roville*, 5e livraison, p. 213. Et, pour donner plus de poids à son dire, il insère dans la 6e livraison (p. 273) l'approbation que lui donna M. de Voght : « Je partage entièrement votre avis sur l'injustice du mépris que l'on affecte sou- « vent pour la routine... »

« dans ce que l'on appelle routine, il y a d'excellentes choses, et qu'en « consultant les routines de tous les pays et de tous les cantons, on « peut en composer l'agriculture la mieux raisonnée. » Virgile avait déjà dit près de dix-neuf siècles auparavant :

At prius ignotum ferro quam scindimus æquor,
Ventos et varium cœli prædiscere morem
Cura sit, ac patrios cultusque habitusque locorum,
Et quid quæque ferat regio, et quid quæque recuset[1].

Le rapprochement de la théorie, ou plutôt de la science et de la pratique en agriculture, voilà, pour tout résumer, le programme que se proposait Dombasle. Encore inclinait-il à préférer la pratique.

Si notre grand agronome comptait beaucoup d'amis et encore plus d'admirateurs, il se trouvait aussi plusieurs personnes qui, tout en rendant hommage à son caractère, à sa science, à ses nobles efforts, s'inquiétaient de Roville et se demandaient si un insuccès subi par un homme comme Dombasle n'arrêterait pas pour longtemps tout retour aux choses rurales de la part des classes supérieures de la société. L'éclat du nom et la grandeur du mérite constituaient à ce point de vue, dans le cas d'un échec, un danger d'autant plus considérable. Roville souleva donc, non pas par esprit de protestation, non pas non plus par esprit de jalousie, mais uniquement par esprit de rectification et de prudence, la création d'un nouvel établissement conçu sur des bases plus solides. Ce fut Grignon. M. Auguste Bella « qui, pendant l'occupation du Hanovre, avait vécu pendant deux ans « dans l'intimité d'Albrecht Thaër, qui avait suivi ses leçons et ses « travaux dans les sables arides de Zell, était convaincu que l'amélio- « ration du sol au moyen d'avances suffisantes est la seule base de « toute bonne culture, et même de la culture la plus économique[2] » Lorsque, de concert avec M. Polonceau, il organisa la société agronomique de Grignon, il eut soin de s'assurer des conditions favorables: 40 ans de bail, un fermage peu élevé et payé non pas en argent, mais en travaux d'amélioration dont par conséquent la société fermière commence par profiter elle-même, enfin un capital de 300,000 fr. pour l'exploitation d'un domaine de 460 hectares, dont 160 sont en bois et 6 sont en eaux. Le capital ainsi engagé produit des bénéfices sur la proportion desquels je n'ai pas assez de documents pour oser me prononcer, et chaque année sortent de l'école de nombreux élèves qui y ont puisé les meilleurs principes. A nos yeux Grignon mérite

[1] *Géorgiques*, livre I.

[2] *Éloge de Joseph-Marie-Auguste Bella*, par M. Pommier. Un digne continuateur de son œuvre, son propre fils, a succédé à M. Bella dans la direction de Grignon.

surtout des éloges parce qu'il a propagé et fait prévaloir parmi les hommes intelligents la doctrine très-sage et très-économique de l'application d'un fort capital à l'exploitation de la terre [1]. Néanmoins, qu'on y réfléchisse. Les conditions de succès faites à la *societé agronomique* sont autres que celles faites à Roville : ces avantages furent eux-mêmes augmentés plus tard quand l'État prit à sa charge les frais de l'école de Grignon ; enfin, à l'époque où M. de Dombasle fonda Roville et dans la position personnelle où il se trouvait, on n'aurait pu sans doute ni réaliser un capital aussi considérable que celui qui fut mis à la disposition de M. Bella, ni trouver un propriétaire aussi complaisant que le roi Charles X. Si donc nous sommes heureux de voir Grignon réussir et rectifier comme il le fait ce qu'il y avait de dangereux dans l'exemple donné par Roville, nous ne devons cependant pas oublier qu'il procède de Roville par voie indirecte et que c'est Dombasle qui, le premier, a naturalisé en France l'enseignement agricole.

Dans un pays comme le nôtre, dont le climat, qui est une sorte de résumé du climat de l'Europe, convient essentiellement sur une large étendue à la production des céréales, et que la proximité de l'Angleterre met à même d'exporter avantageusement l'excédant de ses récoltes, les terres arables joueront toujours un rôle considérable. Les instruments perfectionnés y sont appelés à un avenir d'autant plus important que la main d'œuvre fera davantage défaut à nos cultivateurs. Mathieu de Dombasle, comprenant cet avenir et obéissant en cela à une vocation particulière, s'était occupé dès avant 1815 de l'introduction et du perfectionnement des instruments, dont certains peuples voisins avaient amélioré la construction. On a déjà vu que la société royale d'agriculture lui avait décerné en 1820 une médaille d'or pour les modifications apportées par lui à la charrue belge qui, sous le nom de brabant, était l'un des meilleurs modèles autrefois connu. Depuis lors, Dombasle ne cessa pas de s'occuper de la construction des instruments d'agriculture. Quant il dirigeait sa sucrerie de Montplaisir, il faisait fabriquer par des ouvriers des environs, ceux dont il avait besoin ; mais il ne tarda pas à ouvrir sur la ferme de Roville de véritables ateliers. Suivant avec une observation attentive ses instruments pendant leur travail, afin de bien reconnaître les en-

[1] Les excellents ouvrages de M. Ed. Lecouteux, *Traité des entreprises de grande culture*, *Principes de la culture améliorante*, doivent être cités comme exemple de la très-sage direction imprimée par l'école de Grignon à ses élèves.

Du reste Dombasle, pendant certains moments d'inquiétude que lui causa l'insuffisance de son capital, parut quelquefois éprouver le désir de modifier les conditions premières de Roville et de s'assurer une base plus solide. Ainsi un projet d'achat de Roville figure dans les *Annales*. Il y est également question d'un projet, que Dombasle n'accueillit pas, de fonder aux portes mêmes de Paris une grande ferme modèle.

droits où l'usure se produisait plus vite, et d'en diminuer le frottement et le tirage, adoptant avec sa loyauté et sa simplicité habituelles les divers perfectionnements qui pouvaient être obtenus ailleurs, quel qu'en fût l'inventeur, Dombasle devait acquérir et acquit en effet, comme constructeur, une réputation exceptionnelle.

C'est à peine si, en 1829, ses modestes ateliers pouvaient suffire eux demandes qu'on lui adressait de tous les côtés. On se rappelle que la révolution de 1830 arrêta pendant un moment cet essor. Profitant du repos forcé qu'amène cette révolution, Dombasle remanie presque tout son matériel et introduit dans sa fabrique des améliorations incontestables. Ce fut alors qu'il courba l'âge de sa charrue et qu'il remplaça les vieux socs de fer par les socs américains en fonte. Aussi, dès 1832, ses ateliers ont-ils repris leur ancienne activité, et n'y a-t-il plus, à la fin de 1836, que huit départements où n'aient pas encore pénétré les instruments de Roville[1]. Aujourd'hui on les retrouve et on les imite sur tous les coins de la France, nous pourrions dire, sans exagération, dans toutes les parties civilisées du monde. Le nom de Dombasle a fini même par se confondre avec celui de sa charrue, que dans beaucoup de contrées on appelle *une Dombasle*; et cette expression instinctive de la reconnaissance publique a popularisé le nom de notre grand agronome jusque dans des chaumières où l'on n'a jamais lu une seule page de ses écrits, où l'on ignora toujours quel était et quand vivait ce Dombasle dont le nom revient à chaque instant sur les lèvres de ceux qui, sans le connaître, profitent le plus de son travail et de sa persévérance.

Quelques laboureurs recommandent d'allonger un peu les mancherons de la *Dombasle*. Néanmoins, c'est encore une des meilleures charrues que l'on fabrique. Il ne faut pas croire, du reste, que les conditions du labour et par conséquent les formes de l'instrument qui sert au labour doivent être les mêmes dans tous les cas. Ici où la terre est très-prompte à *s'enherber*, on adopte volontiers un versoir qui retourne complétement et qui appuie contre le sol la bande de terre que l'on vient de couper. Là, où il est moins urgent d'étouffer les herbes adventices, on préférera briser et émietter la tranche retournée, afin de l'aérer davantage. La charrue Dombasle, pas plus qu'aucune autre, ne peut répondre également bien à des exigences si contraires ; mais elle est excellente là où elle convient, et elle convient à plus de situations que la plupart des autres[2].

[1] C'étaient les Basses-Alpes, Hautes-Alpes, Ariége, Corse, Gers, Lozère, Hautes-Pyrénées et Pyrénées-Orientales.

[2] La houe à cheval des Anglais, la herse trapézoïdale de Valcourt, la machine à battre des Écossais, etc , ont, à leur tour, été construites et perfectionnées à Roville

On voit par tout ce qui précède combien a été grand et fécond le rôle de Mathieu de Dombasle dans ce que nous appellerions volontiers la marche de l'esprit agricole en France. Nous ne croyons pas qu'on puisse citer beaucoup d'existences mieux remplies. Qu'on suppute et qu'on additionne les millions que le simple fermier de Roville a fait et fera encore gagner à la France et au monde en perfectionnant le plus indispensable des instruments, la charrue, — en assurant davantage les semailles du blé par la découverte d'un très-bon procédé de sulfatage, et les récoltes de toutes les céréales par la propagation d'un excellent procédé de mise en *moyettes*,—en introduisant dans sa patrie, à ses frais, risques et périls, la première école d'agriculture pratique et le premier *défi* de charrues d'où sont sans doute sortis plus tard tous nos comices et tous nos grands concours, — en écrivant enfin le livre agricole qui est resté le plus populaire et le plus répandu[1]. Que l'on nous dise ensuite quel autre nom mérite plus de reconnaissance.

A-t-on cependant bien fait pour la mémoire de Dombasle tout ce que l'on aurait dû faire? Lorsque, par exemple, la Société impériale et centrale d'agriculture décerne chaque année des médailles à ses lauréats, pourquoi ces médailles portent-elles le type unique d'Olivier de Serres et ne consacrent-elles jamais les immenses services rendus à la France par quelques autres agronomes? Si notre voix pouvait être entendue, nous réclamerions avec instance que chaque genre de mérite récompensé par la Société reçût sa médaille spéciale. Daubenton, Parmentier, Mathieu de Dombasle, de Gasparin, pour n'en citer que quelques-uns, seraient alors rappelés plus souvent au souvenir, je ne dis pas des amis de l'agriculture, car ceux-là ne peuvent les oublier, mais des simples cultivateurs. Et si l'État d'un côté, les sociétés particulières d'un autre, adoptaient une semblable mesure, nous verrions peut-être devenir plus populaires encore et résister mieux à l'oubli des noms qui, comme celui de Dombasle, resteront toujours dignes de la plus profonde estime.

sans qu'on ait jamais cherché à cacher le nom de leurs premiers *auteurs*. Un des grands mérites de Dombasle a été, du reste, de ne pas se lancer à l'aventure et par le seul motif de l'éclat ou de la nouveauté dans une foule de constructions peu utiles, comme aussi d'établir avec une solidité parfaite tout ce qui sortait de sa fabrique.

[1] *Le Calendrier du bon Cultivateur.*

PARIS. — IMP. SIMON RAÇON ET COMP., RUE D'ERFURTH, 1.

www.ingramcontent.com/pod-product-compliance
Ingram Content Group UK Ltd.
Pitfield, Milton Keynes, MK11 3LW, UK
UKHW021026200726
13857UKWH00004B/1614

9 782012 477612